动物园里的朋友们
（第二辑）

我是长颈鹿

［俄］塔·维杰涅耶娃 / 文
［俄］尤·米特琴科 / 图
关俊博 / 译

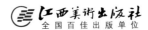
江西美术出版社
全国百佳出版单位

我是谁？

　　嘿！我是长颈鹿！我是独一无二的！没错，我有一个远房亲戚，叫作㺢㹢狓，但是他哪有我这么高呀！毕竟，我们长颈鹿才是世界上最高的动物！我刚出生时，就差不多两米高了呢！等我长大了，我就跟两层楼的房子一样高了！我能长到 6 米，到时候我可就是巨型长颈鹿啦！

中等大小的长颈鹿大概是你体重的 **25** 倍。

长颈鹿的脖子差不多有 **2** 米长，比一个成年人都高！

如果我吃得好，我的体重能超过 1 吨。比 10 个高高壮壮的成年男人加起来还要重！

我可太酷了吧！如果我的后腿直立站起来，就能轻轻松松闻到你家阳台上的花，甚至还可能把它吃掉。你住在几楼呀？哈哈哈！别怕，我跟你开玩笑呢，只不过是想让你知道我的脖子是多么修长美丽。如果你想给我织一条围巾，哈哈，那你可能需要很多毛线。你看！

长颈鹿的脖子那么长，但它跟人一样只有 **7** 块颈椎。

长颈鹿妹妹比长颈鹿弟弟个头矮一点儿，体重轻一点。

我们的居住地

我住在非洲，离你们很远很远，坐飞机都需要好多个小时。但是飞机可装不下我！我的家在森林和大草原，那里生活着各种各样的野生动物……但长颈鹿是最引人注目的！要知道，我们个子那么高，离老远就能一眼看到。所以，很多人都觉得，世界上有一大群长颈鹿。实际上，长颈鹿虽然没那么多，但是也没那么少！这一点我可是非常了解的，因为人们一直都在关注着我们的数量呢！还有啊，数我们长颈鹿可比数地鼠容易多了！今天，在非洲生活着不到10万只长颈鹿。啊！对了，还有一些长颈鹿生活在世界各地的动物园里——我觉得这样很对，因为我们这么美丽，应该展示给所有人看！毕竟，不是每个人都会来非洲的。所以，我们不讨厌动物园，因为工作人员会无微不至地照顾我们，在这里我们活得比在野外时间更长。有时候，我们甚至能够活到30岁。对于长颈鹿来说，这可是相当长寿了。

2500 年前，长颈鹿沿着地中海沿岸漫步。

最长寿的一只长颈鹿活到了 36 岁。

肯尼亚的长颈鹿最多，有不到 45 000 只。

我们的皮毛

你看看，我们的斑点长什么样？我们皮肤的花斑网纹是与众不同的。每只长颈鹿，甚至是刚出生的长颈鹿宝宝，身上的斑点都是独一无二的，就像人类的指纹一样。人类总是模仿我们，就连现在的时尚美女也喜欢穿和我们一样斑点图案的连衣裙。你们随便穿，我们不介意别人模仿！事实上，你也可以通过斑点的颜色来判断我们的年龄。年纪越大，身上的斑点颜色就越深。在我家，我爷爷的斑点颜色最深。他差不多20岁了！扎针时你感觉疼吗？我可不怕，我无所谓！因为我的皮肤非常坚硬，想要刺穿它是根本不可能的。所以，当我们需要打针时，医生必须用一种特制的枪才能把带药的针射进我们的皮肤。没错，就是这样！我们的皮肤是真正的盾牌！我们还有一个超级厉害的能力——能够通过皮肤释放出一种特殊的气味，这样苍蝇和寄生虫就会离我们远远的啦！

长颈鹿的脖子上长着一行短短的、立起来的鬃毛，长度差不多有 **12** 厘米。

根据斑点的颜色和栖息地，科学家们将长颈鹿分为 **9** 个亚种。

长颈鹿的皮肤很厚，差不多有 **4~5** 厘米，和成年人的大拇指长度差不多。

长颈鹿弟弟头上的小犄角大约

有 **23** 厘米长，

比一支铅笔还长。

我们的外表

　　我们赫赫有名的当然是长脖子了。毕竟，我们的脖子可是世界上最长的，足足两米！我可以把头伸到任何我想去的地方，不仅可以向前伸，还可以向后转脖子呢。妈妈不开心的时候，爸爸就会把他的脖子缠绕在妈妈的脖子上。

　　我们的腿也是世界上最长的，大约有 1.8 米呢！我们的大长腿别提有多漂亮了，又苗条又匀称，优雅极了。而且我们的腿还很强壮，要不然怎么能撑起我们这么大的体格呢？这样吧，给你举个例子，我妈妈重 800 千克。你知道 800 千克有多重吗？比你们 10 个妈妈加起来还要重！

　　我们也有超级可爱的小犄角和一根长长的（大约 0.5 米）黑舌头。我们的舌头就像人类的手一样灵活呢，只要轻轻一钩就能把树枝送到嘴里来。而且，我们长颈鹿一点儿都不怕吃到带刺的植物！我的舌头可以伸进耳朵里面。假如有小昆虫飞到我的耳朵里，我只要伸出舌头来，就可以舔干净我的耳朵啦！人类可没有这种技能，恐怕你们连尝试这样做的想法都没有！

　　我的牙齿比你的少，因为我没有上门牙。可那又怎样呢？没关系的，这样反倒方便我们采摘树叶！

长颈鹿的眼睛是深色的，
通常是黑色的。

我们的感官

你看，我们的眼睛多漂亮呀！就是因为这双漂亮的大眼睛，我们经常参与电影和卡通片的拍摄，我们也很高兴！最重要的是，我们的视力可比别的动物们都敏锐，也就只有猎豹比我们稍强一点点。但是，我们长颈鹿的视野可广阔得多！我们可以看到很远很远的地方。比如说，我们可以看到长颈鹿星座。你知道它在哪里吗？哈哈，它在天空中，仙后座和大熊座之间。

我们的听觉和嗅觉也超级棒。还有，我们非常聪明。你知道为什么吗？因为我们爱好和平，只有非常聪明的生物才是真正善良的。

告诉你一个秘密，我们长颈鹿有一种秘密语言——我们会用特殊的声音彼此交流，人类，甚至许多动物的耳朵都听不到！所以，大家都嫉妒我们！想象一下，当我们谈天说地的时候，没人能听得到我们说了什么！但是你绝对想不到，所有的长颈鹿都能听明白我们的秘密语言。厉害吧！当我们看到超级凶猛的捕食者时，我们就会呻吟、咆哮甚至吹口哨，以此来来警告大家这里有危险。

跑得最快的长颈鹿大概是奥运冠军速度的 **1.5** 倍。

长颈鹿的前腿先跃过栅栏，然后后腿一脚蹬开。

我们怎样奔跑和跳跃？

你知道吗？有些什么都不懂的人还以为我们长颈鹿很笨拙！其实，我跑得可快了！我奔跑起来就和你们城市里的汽车一样快。只不过我不能以这个速度跑太久，一般不超过3分钟。而且，我跳得也很远，足足能跳8米远！我棒吧！但是一般来说，我更喜欢不紧不慢、稳稳当当地走路。毕竟，我这大长腿跨一步就4米多，所以我去哪儿都来得及。但是，即便我不赶时间慢慢走，你也得拼尽全力地追我，才不会被我落下！

我不会爬树。为什么？因为我轻轻松松就可以够到最顶上的树枝！但是，如果你非要我跨过点什么东西，嗯，那我可以跨过栅栏。只是，栅栏不可以太高，不要超过两米哦。

什么？你说两米太高了？对我来说——小菜一碟！

如果水深超过 **3** 米，长颈鹿是会游泳的。

长颈鹿游泳的时候，会尽量把脑袋
保持在水面以上。

我们怎样洗澡?

我们喜欢水,喜欢洗淋浴。可是我们生活的地方——非洲大草原的树林和灌木丛,根本就没有淋浴。所以呢,我们总在温暖的雨水中沐浴。可你知道,非洲的雨也很少……

但是,我们可以穿过小小的溪流,我可不怕溺水,只不过老是有小鱼挠我痒痒!

游泳和潜水都不适合我。我就是不喜欢游泳,有什么办法呢。以前,人类认为我们长颈鹿不会游泳。但事实并非如此!如果非得游的话,我也是可以游的。只不过不情愿罢了,我还是更喜欢走路。毕竟,长长的脖子可以帮助我们在水中自如地行走,让我们的脑袋时刻保持在水面以上。非洲的河很少有特别深的。即便是在雨季,水深一般也不会超过 4~5 米。

对于我们成年长颈鹿来说,这个深度不值一提!毕竟,我们的大高个儿可不是白长的。

我们的食物

你知道我最喜欢做什么吗？吃！没什么比金合欢树的叶子和嫩枝更美味了。我每天可以吃35千克的食物，但是我们非但不胖，反而很苗条，那是因为我们每天都走很多路，也总在奔跑。而我最喜欢的食物——你永远都猜不出来！

就是你们最讨厌的胡萝卜和洋葱啦。我觉得那简直是人间美味！可是在我们生活的地方不长胡萝卜。真是太遗憾了！

我们一天可以吃 16~20 个小时！这是一个真实的纪录。我可是这个纪录的创造者！我们长颈鹿可以在没有一滴水的情况下生活好几周，比骆驼还厉害！但是如果我喝水，可以一口气喝到饱！

吃饭时，我们相当有礼貌。我们总是把更容易够到的叶子让给长颈鹿妹妹吃，而长颈鹿弟弟就得努力够到最顶上的树枝吃。因为长颈鹿弟弟长得更高一些，他们甚至可以吃到 7 米高的叶子！

长颈鹿一次能喝掉将近 **50** 升水。

长颈鹿通常以 **7~50** 只组成的"小团体"群居。

长颈鹿群落的活动区域介于 **5~650** 平方千米。

我们睡觉的地方

　　我们不为自己建造房子。为什么呢？你想想，我们连睡觉的时候都是站着的，根本不需要房子！一般来说，我们很幸运，可以一直不睡觉！每晚两个小时的睡眠，对我们长颈鹿来说已经足够了。你睡觉的时候应该是躺在床上的，对吧？我们当然可以躺着睡觉，但是我们更喜欢站着睡，因为站着睡觉更方便。好吧，有的时候我们也会躺在地上，蜷起腿，稍微打个盹儿。但实际上，站着睡觉是非常明智的。有时候，我们把头靠在树枝上，小睡一会儿，而不会陷入深度睡眠中。斑马、羚羊和鸵鸟都喜欢在我们旁边生活。因为这样，他们会更安全！

　　我们不会追赶，更不会伤害他们。相反，我们还会照顾他们！毕竟，我们的个子那么高，可以清清楚楚地看到远方的危险。这时，我们就会提前警告大家："大家快跑，狮子来了！"

我们的长颈鹿宝宝

我的妈妈只生了我一个，这对于长颈鹿来说是很常见的。我出生后不久就会走路！想象一下，小长颈鹿可以在出生后的 1 小时内学会走路！

我刚出生的时候，我的妈妈没让亲戚们来看我，就连我的爸爸都不让看。因为这样，我就能很快记住妈妈独一无二的样子和气味，也就不会把她和别人弄混！然后，我被送到了幼儿园。

没错，我们长颈鹿也有幼儿园！我们的幼儿园通常设在矮灌木丛中，离我们小团体不远的地方。这里聚集着许多长颈鹿宝宝，成年长颈鹿轮流负责照顾他们。

我们长得非常快！一年之内，我们就长到了刚出生时的两倍大！我记得，当我长到 4 米高的时候，还是被大家当成宝宝，而且还得和妈妈住在一起。后来，等我 1 岁半的时候，妈妈才允许我去任何我想去的地方。

刚出生的长颈鹿就有 180 厘米高了呢，差不多和一个身材高大的成年男人一样高。

长颈鹿宝宝 4 岁的时候，才算真正成年。

我们的天敌

　　我们的主要敌人就是猎人。好吧，除了猎人，其实我们并没有太多的天敌。因为，成年长颈鹿甚至连狮子都可以打败呢。还会狠狠地给他一蹄子！但是，狮子很狡猾，有时他们会在我们喝水的地方埋伏起来，准备攻击我们。你知道吗？我们喝水的时候，必须把前面的两条腿大幅叉开，然后弯下腰才能够到水。这个时候，狮子就会突然扑过来……不过，通常情况下我们能来得及逃跑或者反击。其实，猎豹、土狼，还有其他的一些捕食者只会对长颈鹿宝宝们构成威胁。我们爱好和平，希望和所有的生物和谐共存。

长颈鹿最稀有的亚种就是西非亚种，现在只剩下 **200** 只左右了。

有时，长颈鹿弟弟会在长颈鹿妹妹面前互相撞击脖子，向她们炫耀谁更强壮！嗯，这也是可以理解的。毕竟，长颈鹿有着美丽的眼睛、长长的睫毛和一条精致的小尾巴，尾端还有黑色簇毛呢，像个小刷子一样。

你大概觉得我一直在吹牛，还可能会错过一些重要的信息？不，才不是这样！没人敢说我错过了什么，因为我们是世界上唯一一种从不会错过任何信息的生物！一次都没有！因为，我们长颈鹿总是站着，一直保持警惕。这样，我们就能保护自己不被捕食者伤害，在心爱的非洲安居乐业。

猎杀长颈鹿是违法的。

动物园饲养长颈鹿已经有 **150** 多年了。

你知道吗？

你知道为什么长颈鹿被
叫作长颈鹿吗？

是的，没错，因为长颈鹿太漂亮了！英语、法语、意大利语中的"长颈鹿"这个词都来自阿拉伯语，意思是"华丽的"。正是因为华丽的外观，当欧洲动物园引入第一只长颈鹿的时候，人们给它起名为"华丽"。后来，为了纪念这第一只长颈鹿，人们把所有的长颈鹿都统称为"华丽"。这件事发生在将近200年前，1826年。当时这家动物园在法国的巴黎。

想象一下，可怜的长颈鹿必须

步行穿过整个法国！

还能怎么办呢？毕竟，当时还没有火车或者汽车呢，而四轮货车或者马车又装不下它。这只长颈鹿先是乘船到了马赛（法国南部的一个港口），然后剩下将近900千米就只能靠它的大长腿步行穿越啦！这个距离对长颈鹿来说不算什么，它走了41天以后，终于到达了动物园。而且，这一路上都有骑兵部队全程保护它。骑兵部队就跟警察一样，只不过他们是骑在马背上的。

没人想欺负这位远道而来的贵客。

只是在路上，这只长颈鹿遇到了许多好奇的人！要是每个人都想让长颈鹿停下来，让他们摸一摸，哪怕就1秒钟，那可怜的长颈鹿大概要到今天才能走到巴黎的动物园吧！要知道，从那时到现在，已经过去将近200年了！

在那里，每个人都特别喜欢它！
仅仅不到 **6** 个月的时间内，

就有 **60** 万人慕名来参观这只长颈鹿。

一时间，长颈鹿成了全巴黎最时髦、最热门的"宠儿"。甚至还因此出现了专门的"长颈鹿"发型。就连在此之前不久刚刚发明出来的钢琴，也立刻改名为"长颈鹿琴"！当然了，后来人们又把名字改了回来，这才有了今天我们所熟知的"钢琴"。为了纪念第一只名为"华丽"的长颈鹿，从此，长颈鹿就叫作长颈鹿了。

如果不是它，你知道我们会怎样叫长颈鹿吗？

驼豹！好笑吗？我可没开玩笑，古罗马人和欧洲人（在第一只长颈鹿被引入欧洲动物园之前）的确就是这样称呼长颈鹿的。直到今天，科学家们还用"驼豹"来称呼长颈鹿，因为这是从它的拉丁语学名音译过来的。这个有趣的学名翻译过来就是"长着豹纹的骆驼"！为什么叫这个名字呢？因为古罗马人认为它既像猎豹，身上有斑点；又像骆驼，身形庞大。虽然实际上，长颈鹿比骆驼大得多。

别说是骆驼了，长颈鹿几乎比所有的陆地动物都大。

是的，没错，长颈鹿就是比所有的陆地动物都大。嗯，好吧，实际上大象、河马和犀牛比长颈鹿更大一点儿。因为，它们更重啊。但是不管怎么说，长颈鹿比它们都高。它比大象还高！只不过大象壮硕，而长颈鹿苗条、匀称又优雅。

每只长颈鹿都有一身独一无二、无与伦比的花纹。

因此，科学家们仍在争论——世界上到底有多少种长颈鹿呢？一部分科学家认为，世界上所有的长颈鹿都属于同一个种类。而其他科学家认为，长颈鹿有几个不同的种类，而且可以通过颜色和栖息地进行区分。

因为来自非洲一个地区的长颈鹿有着和其他地区完全不一样的斑点。

也就是说，一些长颈鹿的斑点是棕黑色的，而且很大；而另一些长颈鹿的斑点是黄色的，而且很小。还有一些长颈鹿的斑点是红色和巧克力色的，数量很多。除此之外，还有一种非常罕见的长颈鹿，不知道为什么，它们的斑点是白色的！

如果这些不同的长颈鹿都住在不同的地方，

那一切就容易得多了。

这样一来，科学家们就能快速地将不同的长颈鹿分成各个亚种。

但麻烦的是，这些不同的长颈鹿总是安静地生活在同一个小团体中！可怜的科学家根本不知道要怎样对它们进行准确的分类。

你有没有觉得长颈鹿的颜色过于亮眼？

也许你会认为，所有的捕食动物从

很远的地方就能一眼看到五颜

六色的长颈鹿……

不！实际上，这样的颜色是最好的伪装！在非洲大草原泛黄的草丛和灌木丛中，即便是在刺眼的太阳光下，你也根本看不到长颈鹿！可能你再往前走 3 米，还是不会注意到它。想象一下，一只 5~6 米高、活生生的长颈鹿在你面前，你却注意不到！哈哈，因为它们会巧妙地把自己伪装成一片灌木丛！

世界上脖子最长的动物是什么呢？

当然是长颈鹿。

但是，它的脖子到底有多长？差不多两米——这取决于长颈鹿的身高。要知道，长颈鹿的脖子长度大约占了整个身高的 1/3。

当然，长长的脖子可以帮长颈鹿

吃到树顶上的新鲜叶子。

但同时，这样长长的脖子对于长颈鹿来说，也是个不小的麻烦。因为，长颈鹿像你一样，用鼻子呼吸。然后，空气会顺着呼吸道进入肺部。你想想，空气要顺着这么长的脖子进入肺部，需要多长时间呢？所以，长颈鹿必须频繁地呼吸。它们每分钟需要呼吸 20 次。

长颈鹿的脖子不仅很长，而且还很重，大约有 250 千克。

可怜的长颈鹿！想象一下，它的脖子那么重，就相当于肩上同时坐了 5 个初中生呢！但是，长颈鹿很强壮，它的脖子也很结实。虽然它的脖子特别长，足足是你的 20 倍！但你知道最神奇的是什么吗？那就是，我们正常人的脖子和长颈鹿的脖子的颈椎数量竟然一样多。颈椎就是用来支撑脖子的骨头。对啦，你自己就能摸得到，摸摸看，它就在你脖子后面，后背和脖子的交界处，非常明显。所以你和长颈鹿一样，都有 7 块颈椎。

只不过我们的颈椎比较小，不光我们，就连你爸爸的颈椎也很小。而长颈鹿的颈椎特别大，像个锅一样。

那长颈鹿什么部位会比较小呢？它的蹄子像个汤盘，舌头有半米长，而且还是黑色的。它的心脏像个大大的背包，有 10~12 千克重。你班上或者幼儿园里有很多人吗？有没有 25 个人呢？这么和你说吧：你们所有人的心脏加起来，都没有长颈鹿心脏的一半重！这下你知道它的血压有多高了吧？

而且，长颈鹿的尾巴也是最长的。
至少跟别的哺乳动物比起来，
长颈鹿的尾巴最长！

事实上，长颈鹿的尾巴最长大约有 2.5 米。而且，长颈鹿还有美丽无比的睫毛！它的睫毛长长的、毛茸茸的，从远处也可以看得很清楚！它的眼睛又大又明亮。还有，它的小犄角像天鹅绒一样，漂亮极了。实际上，长颈鹿的小犄角长得并不是很像犄角，而是像天线。不仅如此，长颈鹿的犄角可能不是 2 个，而是 3 个。甚至可能不是 3 个，而是 7 个！长颈鹿的犄角不是很长，也就 20~25 厘米。比起公山羊，长颈鹿的犄角可短多了。

也就是说，长颈鹿不是每个部位都最长。

长颈鹿的犄角比较短。除此之外呢，它的鬃毛也很短，只有12厘米左右，但是非常坚硬，像深色的小刷子一样。大概有成人的手掌那么长。你随便找一匹小马，鬃毛都比长颈鹿长！

但是，长颈鹿的腿很长。

那它的四条腿怎么不会绊到一起呢？

这是因为，所有的长颈鹿都是以溜蹄步法行走的。意思就是说，当长颈鹿走路时，它的四条腿绝不是随意排列的，而是严格地成对排列：首先，它会迈动两条左腿（前腿和后腿同时迈出去），然后再迈动两条右腿。没错，就按照这个顺序，一直往前走。当然啦，即便是腿很长，也不会绊到一起。

长颈鹿走路的时候

脖子也会随着晃动。

看，径直走过来一只摇摇晃晃的长颈鹿！但是，长颈鹿不怕跌倒。因为，晃动的脖子可以帮助它保持平衡。你看，长颈鹿会把自己的一切都安排得很好！所以说，它的确是非常理智而又谨慎的动物。

它甚至还有私人护士。

你知道吗？在炎热的非洲生活着许多叮咬昆虫。可怜的长颈鹿怎么才能摆脱它们呢？长颈鹿找来小鸟，比如红嘴牛椋鸟帮忙。因为，对这些小鸟来说，长颈鹿皮肤上的蜱虫和苍蝇简直是不可多得的豪华盛宴。同时，它们也可以骑在长颈鹿的后背上搭会儿顺风车。

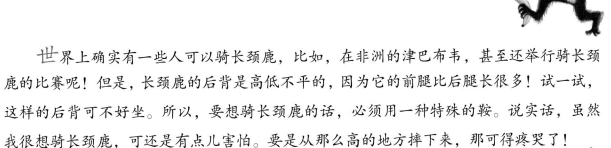

可以骑在长颈鹿后背上，这也太棒了吧！

世界上确实有一些人可以骑长颈鹿，比如，在非洲的津巴布韦，甚至还举行骑长颈鹿的比赛呢！但是，长颈鹿的后背是高低不平的，因为它的前腿比后腿长很多！试一试，这样的后背可不好坐。所以，要想骑长颈鹿的话，必须用一种特殊的鞍。说实话，虽然我很想骑长颈鹿，可还是有点儿害怕。要是从那么高的地方摔下来，那可得疼哭了！

而且，长颈鹿一般很不喜欢

有人骑在它的后背上。

所以，要是想骑长颈鹿，必须要说服并训练它很长一段时间。事实上，长颈鹿是可以被驯化的，只是这可不是一件容易的事，需要花费大量的时间和耐心。但是，一旦驯化成功，你就可以要求长颈鹿做一些事情了，比如让它跳个舞、鞠个躬，或者亲吻一下投食的人。可惜不能把这么漂亮的动物领回家！

不仅仅是因为长颈鹿体形庞大。

还因为它的身上很臭，即便你一天给它洗两次澡，还是会闻到那股臭味。这个味道可是长颈鹿专门用来驱赶昆虫，保护自己的！你知道吗？在非洲的一些部落，人们甚至管这么漂亮的长颈鹿叫"臭牛"！长颈鹿居然这么臭！你还想骑长颈鹿吗？

你最好就只是静静地看着长颈鹿。

因为长颈鹿是世界上最优雅、最美丽、

最令人难以置信的动物！

我们还帮助科学家发明出了新型的宇宙飞行服！

再见了！我们非洲见！

动物园里的朋友们

本套书共三辑，每辑 10 册，共 30 册。明星作者以第一人称讲故事的形式，展现每个动物最与众不同、最神奇可爱的一面，介绍了每种动物的种类、生活环境、形态特征、生活习性等各方面。让孩子们足不出户也能了解新奇有趣的动物知识。

第一辑（共 10 册）

 我是企鹅
 我是狐狸
 我是刺猬
 我是老虎
 我是蝙蝠
 我是山羊

 我是松鼠
 我是狮子
 我是北极熊
 我是大熊猫

第二辑（共 10 册）

 我是海豚
 我是河马
 我是猫
 我是蛇
 我是长颈鹿
我是驼鹿

 我是蚊子
 我是蝴蝶
 我是浣熊
 我是麝鼹

第三辑（共 10 册）

 我是小熊猫
 我是大象
 我是长尾猴
 我是斗牛犬
 我是考拉
 我是树懒

 我是袋熊
 我是蚂蚁
 我是老鼠
 我是臭鼬

图书在版编目（ＣＩＰ）数据

　　动物园里的朋友们. 第二辑. 我是长颈鹿 /
（俄罗斯）塔·维杰涅耶娃文；关俊博译. -- 南昌 : 江
西美术出版社，2020.11
　　ISBN 978-7-5480-7514-1

　　Ⅰ. ①动… Ⅱ. ①塔… ②关… Ⅲ. ①动物－儿童读
物②长颈鹿科－儿童读物 Ⅳ. ①Q95-49

中国版本图书馆CIP数据核字 (2020) 第067744号

版权合同登记号 14-2020-0157

Я жираф
© Vedeneeva T., text, 2017
© Mitchenko J., illustrations, 2017
© Publisher Georgy Gupalo, design, 2017
© OOO Alpina Publisher, 2018
The author of idea and project manager Georgy Gupalo
Simplified Chinese copyright © 2020 by Beijing Balala Culture Development Co., Ltd.
The simplified Chinese translation rights arranged through Rightol Media (本书中文简体版权经由锐拓
传媒旗下小锐取得Email:copyright@rightol.com)

出 品 人：周建森
企　　划：北京江美长风文化传播有限公司
策　　划：巴拉拉
责任编辑：楚天顺 朱鲁巍
特约编辑：石　颖 吴　迪 王　毅
美术编辑：童　磊 周伶俐
责任印制：谭　勋

动物园里的朋友们（第二辑） 我是长颈鹿
DONGWUYUAN LI DE PENGYOUMEN (DI ER JI) WO SHI CHANGJINGLU

［俄］塔·维杰涅耶娃 / 文　　［俄］尤·米特琴科 / 图　关俊博 / 译

出　　版：江西美术出版社		印　　刷：北京宝丰印刷有限公司	
地　　址：江西省南昌市子安路 66 号		版　　次：2020 年 11 月第 1 版	
网　　址：www.jxfinearts.com		印　　次：2020 年 11 月第 1 次印刷	
电子信箱：jxms163@163.com		开　　本：889mm×1194mm 1/16	
电　　话：0791-86566274 010-82093785		总 印 张：20	
发　　行：010-64926438		ISBN 978-7-5480-7514-1	
邮　　编：330025		定　　价：168.00 元（全 10 册）	
经　　销：全国新华书店			